DE L'ORIGINE
DES ESPÈCES

EN PARTICULIER

DU SYSTÈME DARWIN

PARIS. — IMP. SIMON RAÇON ET COMP., RUE D'ERFURTH, 1.

DE L'ORIGINE

DES ESPÈCES

EN PARTICULIER

DU SYSTÈME DARWIN

CONFÉRENCE PRONONCÉE AU CERCLE AGRICOLE

Le 3 mars 1865

PAR

LÉON SIMON FILS

DOCTEUR EN MÉDECINE DE LA FACULTÉ DE PARIS
SECRÉTAIRE GÉNÉRAL DE LA SOCIÉTÉ MÉDICALE HOMŒOPATHIQUE DE FRANCE
MEMBRE CORRESPONDANT DE LA SOCIÉTÉ HAHNEMANNIENNE DE MADRID
ETC., ETC.

PARIS

J. B. BAILLIÈRE ET FILS

LIBRAIRES DE L'ACADÉMIE IMPÉRIALE DE MÉDECINE

Rue Hautefeuille, 19

Londres	Madrid	New-York
HIPP. BAILLIÈRE	C. BAILLY-BAILLIÈRE	BAILLIÈRE BROTHERS

LEIPZIG, E. JUNG-TREUTTEL, 10, QUERSTRASSE

1865

Pendant plusieurs années, M. le docteur Léon Simon père fut appelé à faire quelques conférences au Cercle agricole de Paris; mais, obligé de reprendre cette année l'enseignement régulier de l'homœopathie, il dut renoncer à cet honneur. Chargé de le remplacer, je choisis la question de l'*Origine des espèces*, qui à cette époque préoccupait les esprits. L'importance de ce problème, l'accueil bienveillant que j'ai reçu, m'ont engagé à livrer cette conférence à l'impression.

Je le fais d'autant mieux qu'il s'agit ici d'une de ces questions controversées sur lesquelles chacun peut et doit émettre son opinion, d'un problème difficile, placé par sa nature même sur les confins de toutes les sciences, et à la solution duquel on tiendra un jour à honneur d'avoir concouru.

1er Juin 1865.

DE L'ORIGINE
DES ESPÈCES
EN PARTICULIER
DU SYSTÈME DARWIN

Messieurs,

Le problème de l'*Origine des espèces*, dont je dois vous entretenir dans cette conférence, est un des plus controversés aujourd'hui par les naturalistes, c'est aussi une des questions les plus importantes, les plus actuelles, sur lesquelles puisse se fixer votre attention. L'intérêt qu'il a suscité dans ces derniers temps se trouve justifié, du reste, par son objet, par les solutions qu'on lui a données, et par les conséquences de ces solutions elles-mêmes.

D'abord, par son objet : on entend, vous le savez, par ESPÈCE, *la réunion des individus qui se reproduisent entre eux avec les mêmes caractères essentiels* (1); remonter jusqu'à l'origine des espèces, c'est donc recher-

(1) Milne-Edwards, *Éléments de zoologie*, t. II, p. 4. Paris 1841.

cher l'origine de tous les êtres organisés, pénétrer le secret de leur apparition en ce monde.

Or, cette origine a été expliquée de plusieurs manières. Pour le plus grand nombre des naturalistes, les espèces ont été créées, leur caractère essentiel est la permanence; elles traversent les siècles sans présenter de changements importants. Pour quelques autres, les espèces sont nées les unes des autres, les plus parfaites provenant des plus simples par voie de variations successives et progressives; c'est la *théorie de la variabilité.*

Or, suivant qu'on accepte l'une ou l'autre de ces solutions, absolument inconciliables entre elles, on est conduit à des conséquences bien différentes sous le triple rapport de la philosophie, de la science et de la pratique.

S'il était vrai, par exemple, que l'origine des espèces pût s'expliquer par la théorie de la variabilité, si la science moderne nous autorisait à supprimer la création, ce serait supprimer du même coup le créateur, donc le législateur. Car, s'il est facile de comprendre comment l'homme, ayant reçu de Dieu l'existence et tous les biens qui l'entourent, doit quelque respect à son Créateur, si l'on comprend que Dieu ayant imposé à la nature brute et aux corps organisés des lois régulières, à l'homme des lois physiologiques et psychologiques, on accordera sans peine qu'il ait pu aussi lui dicter des lois morales.

Il n'en serait pas ainsi, si au lieu d'avoir été librement créé, l'homme descendait de quelque espèce qui lui aurait été antérieure, si par exemple il était, ainsi que le prétend Lamark, un singe perfectionné. Dans ce cas, le singe s'étant transformé malgré lui, fatalement, par l'effet de circonstances spéciales, l'homme ne devrait rien à cet ancêtre, il jouirait d'une liberté et d'une indépendance absolues ; ce serait à lui de se tracer une philosophie et une morale ; quant à la religion, il n'y aurait plus lieu d'en parler.

Ne croyez pas, messieurs, que j'exagère sur les conséquences de la doctrine de la mutabilité des espèces. Si vous aviez quelque doute à cet égard, il me suffirait de vous dire que le traducteur d'un livre dont nous aurons beaucoup à parler aujourd'hui, le livre de M. Darwin, a montré dans une préface remarquable par son style, par son érudition et par la hardiesse de son scepticisme, comment la théorie du savant naturaliste anglais conduisait à détruire ce que ce traducteur appelle la *Christolatrie*, c'est-à-dire la religion du Christ. Par cet aveu, le livre dont je parle se trouve placé à côté de la *Vie de Jésus*, de M. Renan, et de bien d'autres ouvrages tendant au même but, et la théorie elle-même vient prendre place au milieu de ce tourbillon matérialiste, qui essaye d'entraîner notre époque sur cette pente fatale où est venu se briser le siècle dernier.

L'intérêt philosophique du problème que nous devons examiner est donc des plus réels.

Son intérêt scientifique ne l'est pas moins. La classification des êtres organisés est, en effet, depuis de Buffon et G. Cuvier, la base de la science des naturalistes. Avant de rechercher les lois générales qui gouvernent l'organisation, ceux-ci essayent de coordonner les êtres, sujets de leurs études, afin de les comparer plus aisément, et, le point de départ de toute classification, c'est l'*Espèce*.

En rapprochant les unes des autres les espèces les plus analogues, on constitue le *genre;* les genres les moins différents entre eux forment des *familles*, les familles, des *classes*, les classes, des *embranchements*. L'espèce est donc, en définitive, le premier jalon de tout ordre méthodique. Si les espèces sont fixes, le point de départ de la science est précis; si les espèces sont variables, si elles se transforment sans cesse, tout se confond : l'espèce avec ses variétés, le genre avec l'espèce, etc. La science du naturaliste est donc intéressée à la solution du problème.

Celui-ci a encore un intérêt pratique, lequel ressort tout entier des modifications que les êtres organisés peuvent éprouver sous l'influence de la culture pour les plantes, de la domesticité pour les animaux. Quelle est l'étendue, quelle est la limite de la puissance de l'homme? Suivant quelles lois ces modifications ont-elles coutume de se produire? Il y a là une série de questions fort importantes à résoudre pour l'agronome; car c'est toujours en connaissant les lois de la nature, et en les observant, qu'on peut arriver à dominer cette dernière; le *Non nisi parendo vincitur natura* de Bacon est toujours vrai.

Nous aurions ainsi un intérêt réel à examiner toutes les théories qui se sont fait jour sur cet important sujet; mais il faut me limiter; le temps consacré à cette conférence m'y oblige. Négligeant donc les détails, je m'arrêterai seulement aux doctrines les plus importantes : celle de la création, celle de Lamark et celle de M. Darwin ; aussi bien toutes les autres peuvent-elles rentrer dans une de ces catégories. Enfin, la théorie de

M. Darwin étant la dernière en date, celle qui paraît être la plus complète, et pour laquelle la science moderne a été mise le plus largement à contribution, je l'examinerai tout d'abord.

Le naturaliste anglais a été dominé par une pensée unique, celle d'appliquer aux êtres organisés la doctrine du progrès. Selon lui, le *progrès organique* consiste dans la multiplicité des organes et dans l'appropriation d'un organe à une fonction (1). D'où il résulte qu'un mollusque, chez lequel les fonctions digestives et respiratoires se font à la surface d'un même organe, est moins parfait qu'un mammifère chez lequel un appareil spécial est destiné à la digestion, un autre à la respiration, un troisième à la reproduction, etc. Prenant ensuite pour point de départ l'étude des modifications que les êtres organisés peuvent éprouver sans l'influence de l'homme et de son industrie, concluant de ce fait expérimental à ce qui doit se passer à l'état sauvage, c'est-à-dire à l'état de nature, l'auteur affirme que, sous cette dernière condition, ces changements doivent être bien plus importants encore, la nature étant à la fois plus prévoyante, plus désintéressée et plus puissante que l'homme.

Partant de ce fait, admettant l'existence préalable de quelques types premiers, s'appuyant sur quatre principes fondamentaux, M. Darwin explique comment le monde se trouve peuplé d'êtres divers, se rapportant à des espèces nombreuses.

(1) V. Darwin, *De l'Origine des Espèces*, ou des lois du progrès chez les êtres organisés. Paris. 1862.

Ces quatre principes ont reçu de lui des dénominations spéciales : le premier se nomme le principe de *corrélation de croissance;* le second, celui de *concurrence vitale;* le troisième, d'*élection naturelle;* le quatrième, de *divergence des caractères*.

La *corrélation de croissance* consiste en ceci : qu'il existe entre certains organes d'un même individu un rapport nécessaire, de sorte que si l'un de ces organes se modifie, l'autre doit changer également. C'est ainsi qu'en altérant un embryon ou une larve (ce qui n'est pas toujours facile), on voit survenir des modifications correspondantes chez l'animal adulte (1).

C'est encore pour ce motif qu'un animal à longues jambes a une tête allongée, de sorte que si un éleveur, désireux de transformer une race de chevaux de trait en chevaux de course, parvient à donner à ses poulains des jambes plus longues et plus agiles, la tête de ces chevaux s'allongera forcément (2). C'est encore en vertu du même principe, selon M. Darwin, que des chiens chauves ont les dents imparfaites, que les chats dont les yeux sont bleus sont naturellement sourds. Ces deux derniers exemples se rapporteraient mieux à une loi de *corrélation de décroissance*, mais le naturaliste anglais les comprend sous la première expression.

Le principe de *concurrence vitale* est bien plus complexe et plus important que le premier, au point de vue de la théorie.

L'auteur lui accorde même plusieurs significations. C'est d'abord « ce combat perpétuel que tous les êtres

(1) *L. c.*, p. 30.
(2) *L. c.*, p. 31.

vivants se livrent entre eux pour leurs moyens d'existence (1). » Par exemple, dit-il, « deux animaux du genre *canis* (deux chiens), en un temps de famine, peuvent être, avec certitude, considérés comme ayant à lutter entre eux à qui obtiendra la nourriture qui lui est nécessaire pour vivre. Une plante au bord d'un désert doit lutter contre la sécheresse (2). »

« C'est encore l'ensemble des *relations de mutuelle dépendance des êtres organisés*, non-seulement pour ce qui regarde leurs moyens d'existence, mais aussi eu égard à la probabilité qu'ils peuvent avoir de laisser une postérité (3). »

Or, ces rapports de mutuelle dépendance sont nombreux ; ainsi les plantes parasites luttent entre elles et contre l'arbre auquel elles s'attachent ; celui-ci lutte également pour son existence. C'est le fait du gui et du pommier. Si un trop grand nombre de pieds de gui viennent à se fixer sur le même pommier, celui-ci peut mourir, ou bien le gui lui-même se desséchera, en partie du moins.

Lorsqu'une même espèce de gibier vient à pulluler dans un endroit restreint, des vers parasites se développent, s'attachent à ces animaux et les tuent. Dans ce cas, le gibier lutte pour sa conservation.

On sait qu'au Paraguay on ne peut acclimater ni le bœuf, ni le cheval, ni le chien, parce qu'il existe dans cette contrée une mouche qui a l'habitude de déposer ses œufs dans les naseaux de ces animaux nouveau-nés, ce qui les

(1) *L. c.*, p. 93.
(2) *L. c.*, p. 93.
(3) *L. c.*, p. 93.

fait rapidement périr. Mais ces mouches peuvent être détruites par des insectes; ceux-ci servent de nourriture aux oiseaux. En supposant donc que la proportion des oiseaux varie, ces insectes deviendront plus nombreux, ces mouches seront détruites, et le chien, le cheval et le bœuf pourront s'acclimater. La présence du bétail réagira ensuite sur la végétation, qui sera modifiée à son tour. D'où M. Darwin conclut que tout se tient dans la nature; mais que tout se maintient par la lutte, par le combat.

M. Darwin multiplie les exemples; mais ceux qui précèdent suffiront parfaitement pour faire comprendre ce qu'il entend par ces mots : la *concurrence vitale considérée dans les rapports mutuels que les êtres organisés ont entre eux, eu égard à leur existence.* Reste à savoir en quoi cette lutte se retrouve dans l'acte de la procréation. Voici ce que cet auteur enseigne sous ce rapport.

On sait qu'il est des plantes dont les organes reproducteurs sont séparés : les uns portent l'organe mâle, les anthères; les autres, l'organe femelle. Pour que la poussière fécondante contenue dans les anthères, le pollen, vienne au contact du pistil, il faut nécessairement un intermédiaire; les insectes qui vont butiner le suc de ces fleurs, sont le plus fréquemment employés à ce travail. Tandis qu'ils recueillent le nectar dont ils ont besoin, leur corps se couvre de pollen, qu'ils vont répandre ensuite sur la fleur femelle, d'où la fécondation de cette dernière. Mais tous ces insectes ne sont pas attirés par les mêmes fleurs, tous n'ont pas la même importance eu égard à la fonction qui nous occupe.

Il en est encore ainsi pour les plantes hermaphrodites.

Les bourdons, observe M. Darwin, sont nécessaires à la fécondation de la pensée (*viola tricolor*) et du trèfle rouge (*trifolium pratense*), plantes qu'ils recherchent, tandis que les abeilles les évitent ; au contraire, l'abeille suffit pour le trèfle hollandais (*trifolium repens*). D'où il suit que si les bourdons fuyaient une contrée, le trèfle rouge et la pensée ne produiraient plus de graines et ne tarderaient pas ainsi à disparaître. Mais, ajoute M. Darwin, les bourdons sont détruits par les musaraignes, les musaraignes sont détruits par les chats, qui sont eux-mêmes attirés par les souris. « Il est donc très-probable que la présence d'un animal félin (un chat), en assez grand nombre dans un district, peut décider, au moyen de l'intervention des souris d'abord, et ensuite des abeilles, de la multiplication de certaines fleurs dans ce district (1). »

Telle est la *concurrence vitale*, dans son acception la plus générale. M. Darwin la déclare d'autant plus sérieuse qu'elle se produit entre des individus appartenant à une même espèce, sérieuse encore entre des espèces appartenant à un même genre.

C'est ainsi qu'en semant ensemble plusieurs variétés de blé, les unes seront favorisées par le sol et le climat, auxquels elles seront mieux appropriées, tandis que d'autres le seront moins. Les premières fourniront alors une plus grande proportion de grain, les secondes une quantité moindre. En continuant à semer ensemble les produits d'une première récolte, les espèces favorisées augmenteront, les autres diminueront. Plus on répétera les semailles, et plus la disproportion se marquera entre

(1) *L. c.*, p. 107.

ces espèces; bientôt même les unes l'emporteront tout à fait et les autres disparaîtront.

Ce qui est vrai des plantes l'est aussi des animaux : ainsi l'on voit, dans certains troupeaux, des espèces de moutons affamer les autres, et celles-ci ne pouvoir résister à la lutte; aux État-Unis une espèce d'hirondelles est venue en supplanter une autre qui a disparu; en Écosse, la draine (*turdus viscivorus*) a détruit la grive (*turdus musicus*) (1).

La *concurrence vitale* étant mise hors de doute par ces faits et par beaucoup d'autres, M. Darwin en a cherché la raison, et cette loi s'est alors montrée à lui comme le pivot sur lequel repose l'équilibre du monde organisé. Il fait remarquer, en effet, que les êtres vivants tendent à se reproduire en proportion considérable; d'où il résulte que la nature a dû se préoccuper des moyens de les détruire, afin d'en proportionner le nombre à la quantité des subsistances. « Les êtres vivants, dit-il, tendent à se multiplier en proportion géométrique; mais chacun d'eux, à une certaine période de la vie, en certaines saisons de l'année, pendant le cours de chaque génération ou à des intervalles périodiques, doit lutter contre de nombreuses causes de destruction. La pensée de ce combat universel est triste, ajoute l'auteur; mais pour nous consoler, nous avons la certitude que la guerre naturelle n'est pas incessante, que la peur y est inconnue, que la mort est généralement prompte, et que ce sont les êtres les plus vigoureux, les plus sains et les plus heureux qui survivent et qui se multiplient (2). »

(1) *L. c.*, p. 110.
(2) *L. c.*, p. 112.

Au surplus, M. Darwin ne dissimule en rien la portée de son principe. « C'est la loi de Malthus, avoue-t-il, appliquée au règne organique, pour lequel il n'y a ni moyen artificiel d'accroître les subsistances, ni abstentions prudentes dans le mariage (1). »

Ce qui revient à dire que, le règne organique n'ayant pas assez d'intelligence pour augmenter ses ressources, et trop d'instinct pour borner le nombre de ses descendants, la nature a dû pourvoir à cette double condition en multipliant les causes de mort au moyen de la *concurrence vitale*.

Qu'est-ce maintenant que l'*élection naturelle?*

Une comparaison le fera facilement comprendre : lorsque l'homme veut multiplier quelques représentants d'une espèce botanique ou zoologique, il recherche les individus présentant les caractères qui lui paraissent en rapport avec le but qu'il désire atteindre. M. Darwin, par exemple, membre de deux *pigeons-clubs*, voulant obtenir des pigeons à plumage bleu, commença par croiser des *pigeons-paons* blancs avec des *pigeon-barbes* noirs, et il obtint des métis noirs, bruns et bigarrés. Il croisa aussi des *pigeons-barbes* noirs avec des *pigeons-spot* blancs, mais porteurs d'une queue rouge et d'une tache rouge sur la tête, et il obtint des métis de couleur douteuse. Il accoupla alors un métis de couleur *barbe-paon* avec un métis *barbe-spot*, et la descendance fut un pigeon d'un beau bleu. Dans ce cas, M. Darwin avait *choisi* les individus en raison des variations favorables qu'il retrouvait dans quelques-uns de leurs caractères,

(1) *L. c.*, p. 94.

et de façon à tirer parti de ces modifications elles-mêmes.

Or, d'après cet observateur, ce que l'homme peut tenter, la nature doit le faire avec bien plus de raison et sur une plus grande échelle ; de là l'*élection naturelle*, qui n'est autre chose que « *la loi de conservation des variations favorables et d'élimination des déviations nuisibles* (1). »

« ..... J'ai donné le nom d'*élection naturelle*, ajoute l'auteur, au principe en vertu duquel se conserve chaque variation légère, à condition qu'elle soit utile, *afin de faire ressortir son analogie avec le pouvoir d'élection de l'homme* (2). »

M. Darwin, du reste, insiste beaucoup sur ce point : que l'élection naturelle ne *crée* aucune modification chez les êtres organisés, ce pouvoir étant réservé à ce qu'il appelle la *nature ;* que son office est simplement de conserver les variations produites, *quand elles sont utiles à l'espèce*, de les rejeter lorsqu'elles peuvent lui être nuisibles. D'où il résulte que cette bonne nature n'est jamais bien précise dans son action ; qu'elle tâtonne et a besoin d'être souvent rectifiée.

Quelques exemples vous aideront, messieurs, à bien saisir ce principe de la *sélection naturelle*, véritable base de la théorie.

M. Darwin *suppose* d'abord (il suppose souvent) une troupe de loups devant se nourrir d'animaux divers qu'ils saisissent par *force*, par *ruse* ou par *agilité*. Il *suppose* en-

(1) *L. c.*, p. 116.
(2) *L. c.*, p. 114

suite que, dans une contrée, toutes les proies disparaissent, sauf la plus agile, le daim. Il est évident que, dans cette occurence, les loups les plus agiles auront aussi le plus de chance de saisir leur proie, de se nourrir, de vivre ; ils seront alors *protégés*, *élus*. Par cela même qu'ils pourront vivre, il leur sera facile de se reproduire et de donner naissance à des louveteaux qui poursuivront de préférence les proies agiles. Qu'une légère modification survienne alors dans les habitudes innées de ce petit loup, ou qu'une transformation avantageuse apparaisse, et ce louveteau, après avoir grandi, procréera des descendants qui hériteront de sa conformation nouvelle et de ses nouveaux instincts. Par ce procédé, selon M. Darwin, se forme une variété nouvelle, laquelle peut supplanter l'espèce-mère ou coexister avec elle (1).

Autre exemple : Il est des plantes qui sécrètent une matière sucrée très-recherchée par les insectes ; si ce nectar est sécrété par la base des pétales de la fleur, les insectes, pendant qu'ils le suceront, se couvriront de poussière pollinique, porteront celle-ci d'une fleur sur une autre, et de ce croisement naîtront des individus forts et vigoureux Or, parmi ces plantes, les pieds, dont les glandes sécrétoires seront le plus considérables, seront les plus riches en suc ; ils attireront davantage les insectes, seront plus souvent croisés et, par la suite des générations, l'emporteront de plus en plus sur les autres (2) ; ces plantes seront encore *choisies*, *élues*.

Dans ce cas, la fécondité de la plante dépend de l'in-

(1) *L. c.*, p. 128.
(2) *L. c.*, p. 151.

secte; en voici un autre dans lequel la vie de l'insecte dépend plus spécialement de la plante. Il s'agit encore d'une fleur sécrétant un nectar, et dont la sécrétion se serait augmentée lentement par le fait de l'élection continue. Cette plante sera visitée par un grand nombre d'insectes, et les plus favorisés seront ceux qui aborderont le plus facilement jusqu'au nectar. Si la corolle est longue, que les glandes soient difficiles à atteindre, l'abeille ne pourra y parvenir sans faire à la base de cette corolle une incision; et cependant il lui serait plus simple et plus facile d'entrer par son sommet. « Il n'est donc pas douteux, conclut M. Darwin, qu'une déviation accidentelle dans la taille et les formes du corps d'un insecte quelconque, ou dans la courbure et la longueur de sa trompe, bien qu'inappréciable pour nous, pourrait lui être avantageuse, au point qu'un individu ainsi doué, pouvant se procurer plus aisément sa nourriture, aurait plus de chance que les autres de vivre et de laisser de nombreux descendants, qui hériteraient *probablement* de la même particularité de structure (1). »

Ceci s'applique de tout point au trèfle rouge, dont l'abeille ne peut atteindre le nectar, tandis que le bourdon y arrive facilement; d'où, conclut M. Darwin, il serait *avantageux pour l'abeille domestique d'avoir une trompe un peu plus longue ou différemment construite*.

« D'autre part, ajoute l'auteur, la fertilité du trèfle dépend, ainsi qu'on l'a déjà vu, de ce que les abeilles

(1) *L. c.*, p. 135.

en remuent les pétales de manière à pousser le pollen sur la surface du stigmate. Il résulte encore de là que, si les bourdons devenaient rares en certaines contrées, il serait très-avantageux au trèfle rouge d'avoir un tube plus court ou une corolle plus profondément divisée, de sorte que l'abeille domestique puisse en visiter les fleurs.

« On voit ainsi, toujours d'après M. Darwin, comment une fleur et un insecte peuvent simultanément, ou l'un après l'autre, se modifier et s'adapter mutuellement de la manière la plus parfaite, au moyen de la conservation continue d'individus présentant des déviations de structure particulières et réciproquement avantageuses (1). »

Or, ce résultat, c'est l'*élection naturelle* qui pourra l'obtenir. C'est en *scrutant journellement, à toute heure, et à travers le monde entier*, pour découvrir les pieds de trèfle rouge dont le tube sera le moins long et dont la corolle sera le plus profondément divisée, et en les mettant en rapport avec les abeilles ordinaires, qu'elle améliorera cette plante; c'est aussi en conservant les abeilles dont la trompe est la plus longue et en abandonnant les autres, qu'elle modifiera cet insecte.

Certes, messieurs, l'hypothèse est ingénieuse; malheureusement l'expérience ne la confirme pas. En fait, les siècles se succèdent, le trèfle rouge conserve son tube et sa corolle, et la trompe de l'abeille n'augmente pas. M. Darwin toutefois ne se laisse pas arrêter par une considération aussi petite; non-seulement il maintient

(1) *L. c.*, p. 175.

l'existence de son principe, il va même jusqu'à indiquer le sens de son action. Selon lui, l'*élection naturelle* ne peut modifier une espèce sans lui donner un avantage réel; elle doit toujours agir en faveur de cette espèce même, et non pas en faveur des espèces voisines.

Il soutient que des circonstances multiples la favorisent. En premier lieu, des variations fréquentes et un grand nombre d'individus pouvant offrir des changements avantageux; ensuite la transmission des caractères acquis à un certain nombre de descendants, les croisements convenablement conduits, l'isolement. Pour comprendre l'importance de cette dernière condition, il faut savoir que, selon M. Darwin, les êtres organisés forment une chaîne non interrompue, de sorte que si quelques anneaux viennent à disparaître, il se fait dans l'économie du monde des places vacantes que la nature tend à combler; l'isolement empêchant l'immigration des espèces capables de remplir ces lacunes, il faut que les espèces existantes se modifient de manière à y parvenir.

Il est juste d'ajouter que l'auteur reconnaît un peu plus loin qu'une contrée vaste et ouverte aura aussi sa valeur; et qu'il ne paraît pas, en somme, être très-bien fixé sur l'importance de ces conditions, non plus que sur celle du temps. Tout ce qu'il affirme, c'est que l'*élection naturelle* agit avec lenteur (1).

Il y a encore dans la théorie que j'analyse une autre élection qui a reçu le nom de *sexuelle*, et qui est, en définitive, le résultat de la lutte qui existe entre les mâles

(1) *L. c.*, p. 112-150.

pour la possession des femelles, lutte qui s'exprime souvent par de véritables combats Ceux-ci ne s'observent-ils pas entre les alligators mâles pour les oiseaux; entre les saumons, pour les poissons?

Or, dans cette lutte, la vigueur des combattants et surtout les armes dont ils sont pourvus, l'éperon pour les coqs, le bois pour les cerfs, la crinière pour le lion, décident de la victoire. Pour d'autres espèces, il n'y a plus une lutte aussi acharnée, mais une rivalité dans laquelle chacun tire parti de ses avantages. Les oiseaux, par exemple, luttent par leurs chants et par la variété de leur plumage, et M. Darwin nous représente les femelles laissant tomber leur choix sur ceux dont les couleurs sont les plus vives, dont le chant est le plus harmonieux. Quant au concurrent malheureux, il ne laisse qu'une postérité peu nombreuse, et le plus souvent il meurt sans descendants (1). Or, le coq dont l'éperon est le plus fort, le cerf dont le bois est le plus solide, le lion dont la crinière est la plus épaisse, l'oiseau dont le chant et le plumage sont le plus variés, l'emporteront, ils seront *choisis*, *élus*.

L'*élection naturelle* et l'*élection sexuelle* conduisent à deux autres principes, qui en sont les conséquences naturelles : je veux parler de l'*extinction des espèces* et la *divergence des caractères*.

Du moment, en effet, où l'élection naturelle peut accumuler sur certains individus des caractères nouveaux, il est évident que ces individus, ainsi favorisés, se sépareront de plus en plus de leur race-mère, et

(1) *L. c.*, p. 125.

présenteront, par rapport à celle-ci, des caractères de plus en plus *divergents*. De là vient que M. Darwin définit la *divergence des caractères*, une loi qui « a pour effet d'augmenter constamment les différences à peine appréciables, et de faire diverger de formes, de constitutions et d'habitudes, soit les espèces entre elles, soit chaque espèce de la souche-mère dont elle descend (1). »

D'un autre côté, si l'élection naturelle continue à favoriser certaines races de manière à en faire des espèces plus parfaites que celles d'où elles parviennent, il devra arriver que ces espèces-mères seront vaincues dans le combat de la vie par les espèces perfectionnées et qu'elles devront s'éteindre.

Au surplus, M. Darwin s'est exprimé sur ce double sujet en termes assez précis pour qu'il soit utile de les rapporter. Il dit d'abord :

« Par suite de la haute progression géométrique selon laquelle tous les êtres organisés se multiplient, la population de toute région donnée doit se trouver au complet ; et comme cette région est toujours occupée par un assez grand nombre de formes diverses, il s'ensuit qu'à mesure qu'une forme élue ou favorisée augmente en nombre, généralement les formes les moins favorisées décroissent et deviennent de plus en plus rares. Or, la rareté... est le précurseur de l'extinction totale (2). » Et il ajoute : « Toute espèce qui entre en vive concurrence avec une autre espèce en voie de subir

(1) *L. c.*, p. 155.
(2) *L. c.*, p. 152.

des modifications avantageuses, aura naturellement plus que toute autre à souffrir de ses progrès, » et cela parce que « ce sont les formes les plus étroitement alliées, les variétés de la même espèce, les espèces du même genre ou de genres voisins, et plus généralement tous les individus ayant plus ou moins de ressemblance dans leur structure, leur constitution ou leurs habitudes, qui se font la plus ardente concurrence (1). » D'où cette conclusion formulée par M. Darwin : « De nouvelles formes étant continuellement en voie de se produire... il faut bien qu'il y en ait de temps à autre qui s'éteignent (2). »

Si nous voulons savoir maintenant comment à l'aide de ces principes on arrive à expliquer l'origine des espèces, il faut nous transporter avec l'auteur à ce qu'il appelle l'*aube de la vie terrestre* (3) ; c'est-à-dire au moment où tous les *êtres organisés étaient pourvus de la structure la plus simple*. Par cela même que ces individus avaient entre eux de nombreuses ressemblances, la concurrence vitale devait être très-active ; comme il y avait alors de nombreuses places vacantes à occuper dans l'ordre de la nature, les modifications devaient être nombreuses. Un certain nombre d'entre elles étant favorables, l'élection naturelle les conserva, et les individus ainsi favorisés devinrent l'origine de variétés distinctes, lesquelles se séparant de plus en plus, en vertu de la loi de divergence des caractères, arrivèrent à former des espèces nouvelles. Qu'une espèce parvienne alors à son maximum d'individus, et il faudra qu'un certain

(1) *L. c.*, p. 153.
(2) *L. c.*, p. 152.
(3) *L. c.*, p. 178.

nombre se modifient, s'ils ne peuvent émigrer. S'agit-il d'une espèce carnivore, M. Darwin assure que *quelques individus deviendront peu à peu capables de se nourrir de nouvelles proies, soit mortes, soit vivantes; d'habiter de nouvelles stations, de grimper aux arbres, de fréquenter les eaux;* ou bien quelques-uns deviendront moins carnivores (1). Au milieu de ce travail, l'élection naturelle abandonnant les êtres défectueux, les espèces intermédiaires pourront disparaître et la distinction de celles qui subsisteront sera plus marquée encore.

En termes plus précis, en supposant qu'à l'*aube de la vie terrestre* le règne animal ait été représenté par des zoophytes, ceux-ci, d'après la théorie, auront dû se modifier par le fait de la concurrence vitale; puis, en raison de la divergence des caractères, ils auront dû devenir des mollusques, ceux-ci des articulés, ceux-ci des vertébrés; et parmi ces derniers, le progrès organique se continuant toujours, il se sera trouvé un moment où les cétacés auront donné naissance à des quadrupèdes, ceux-là aux singes, et du singe on aura dû voir sortir l'homme.

Il est vrai, messieurs, que toutes ces transformations ont eu lieu à une époque où il n'y avait personne pour les observer; mais M. Darwin ne s'arrête pas devant une pareille difficulté, il dit seulement que son opinion est le résultat d'une *généralisation inductive*, ce qu'en français nous appellerions peut-être une hypothèse, et il passe outre. Désireux même de bien faire comprendre sa pensée, il la représente sous les métaphores les plus brillantes; la citation suivante vous en fera juges.

(1) *L. c.*, p. 156.

« On a quelquefois représenté les affinités des êtres de même classe, dit M. Darwin, sous la figure d'un grand arbre : cette comparaison est très-exacte. Les rameaux et les bourgeons représentent les espèces vivantes ; ceux qui ont végété et fleuri pendant les années précédentes représentent la succession des espèces éteintes. A chaque saison de croissance, tous les rameaux se sont efforcés de se ramifier encore de tous côtés et de vaincre jusqu'à extermination les branches et rameaux voisins, de la même manière que les espèces et groupes d'espèces se sont efforcés de vaincre d'autres espèces dans la grande bataille de la vie. Les bifurcations du tronc divisées en grandes branches, et celles-ci en branches de moins en moins grosses ont été elles-mêmes un jour, lorsque l'arbre était jeune, de simples bourgeons ; et cette connexion entre les bourgeons passés et présents, au moyen de branches ramifiées, représente parfaitement la classification de toutes les espèces vivantes et éteintes en groupes subordonnés à d'autres groupes. Des nombreux bourgeons qui florissaient lorsque l'arbre n'était qu'un arbuste, deux ou trois seulement, devenus maintenant de grandes branches, ont survécu et portent aujourd'hui encore toutes les autres branches ; de même, parmi les espèces qui vécurent à des époques géologiques très-reculées, un bien petit nombre ont encore aujourd'hui des descendants modifiés. Dès la première phase du développement de l'arbre, plusieurs des rameaux, qui auraient pu devenir plus tard des branches principales, se sont desséchés et sont tombés ; et ces branches perdues, de grandeurs diverses, peuvent représenter ces ordres entiers, ces familles, ces genres qui n'ont aujour d'hui aucun représentant vivant, et qui ne nous sont connus qu'à l'état fossile. Comme l'on voit ici et là un jet fragile et mince s'élancer d'un des nœuds inférieurs d'un arbre, et arriver plein de vie jusqu'à son sommet, lorsque des chances heureuses le favorisent; de même nous voyons de rares animaux, tels que l'ornithorynque et le lepidosiren, qui, à quelques égards, rattachent l'un à l'autre par leurs affinités deux embranchements principaux de l'organisation, arriver jusqu'à notre époque, apparemment soustraits aux fatalités de la concurrence par la situation protectrice de leur station. Comme les bourgeons, en se développant, donnent naissance à de nouveaux bourgeons, et comme ceux-ci, lorsqu'ils sont vigoureux, végètent avec force et dépassent de tous côtés beaucoup de branches plus faibles; ainsi, par une suite de générations non interrompues, il en a été, je crois, du grand arbre de la vie qui remplit l'écorce de la terre des débris de ses branches mortes et rompues, et qui en couvre la surface de ses ramifications toujours nouvelles et toujours brillantes (1). »

Cette citation résume complétement la théorie de la variabilité des espèces fondée sur la loi du progrès organique; il reste à savoir, messieurs, ce que nous devons penser de cette œuvre. Vous comprendrez sans peine qu'elle ait causé plus d'une surprise et qu'on lui ait opposé plus d'une objection.

Il serait impossible d'examiner ici même les plus importantes; je veux cependant vous en signaler deux, afin de vous montrer comment M. Darwin y répond.

(1) *L. c.*, p. 189.

On lui a dit d'abord qu'en supposant sa théorie vraie, on devrait trouver parmi les débris, que le temps conserve dans les entrailles de la terre, des traces de ces variétés intermédiaires qui auraient existé et disparu : ce qui n'est pas.

A cela M. Darwin répond que la géologie est une science trop nouvelle pour avoir dit son dernier mot. Ce que l'on n'a pas vu encore, on pourra le découvrir plus tard. Le naturaliste anglais se repose ainsi sur l'avenir du soin de nous rendre compte de ce que le présent a de défectueux.

On lui a dit aussi que sa théorie laissait encore bien des choses inexpliquées; à cela il répond qu'elle est encore trop jeune pour avoir reçu tous ses développements; mais il ajoute que le système de la création laisse subsister bien plus d'obscurités encore, puisqu'elle est forcée d'admettre le mystère.

J'adresserai pour mon compte à M. Darwin trois reproches essentiels :

Le premier, de n'avoir pas convenablement défini son point de départ;

Le second, de s'être appuyé sur des principes hypothétiques ou sur des faits mal interprétés;

Le troisième, d'avoir dépassé, dans les conséquences qu'il a tirées des faits observés par lui, les limites d'une induction légitime et rigoureuse.

D'abord, de ne pas définir son sujet. Cet auteur voulant s'occuper de *l'origine des espèces*, aurait dû dire en premier lieu ce qu'il entendait par ce mot : *l'espèce*.

Loin de remplir cette condition, M. Darwin déclare l'entreprise impossible. Selon lui les naturalistes ne se sont jamais entendus sur le sens qu'il convient de donner à cette expression; il assure même que cette lacune a peu d'importance, chacun sachant *vaguement* ce que signifie ce mot (1).

Ceci ressemble beaucoup à l'opinion de ce mathématicien pour lequel il était inutile de définir l'algèbre par cela seul que cette notion, disait-il, n'apprenait rien à ceux qui avaient approfondi cette science, tandis qu'elle était incompréhensible pour ceux qui ne l'auraient pas étudiée.

Mais en admettant même qu'il ne soit pas rigoureusement nécessaire, ou possible, de définir une science, il n'en est pas moins indispensable de bien fixer le sens des termes qu'elle emploie. De même que les mathématiciens définissent le cercle et le triangle, le naturaliste doit définir *l'espèce*. J'ai dit déjà que celle-ci représentait la réunion d'individus semblables, capables de se reproduire en transmettant à leurs descendants tous leurs caractères essentiels : définition précise et qui ne peut être accusée de vague et d'incertitude.

M. Darwin, ayant omis de dire ce qu'était *l'espèce*, n'a pu non plus définir la *variété*. Quand il appelle celle-ci une *espèce naissante*, il ne nous apprend rien, puisqu'il n'a pu dire ce qu'est *l'espèce*.

Il y a plus, le savant naturaliste pose mal son problème quand il écrit : « La difficulté consiste à expliquer comment les innombrables espèces qui habitent le monde ont été modifiées de manière à acquérir cette perfection de structure et cette adaptation des organes

(1) *L. c.*, p. 69.

à leurs fonctions qui excitent notre admiration (1). »

Non, là n'est pas la première difficulté. Avant de chercher *comment* les espèces se modifient, il aurait fallu prouver que ces transformations sont réelles, il aurait fallu établir que le système de la création est faux, que les espèces, si nombreuses qu'on les suppose, n'ont pu être créées avec leurs caractères, c'est-à-dire avec leurs organes et leurs fonctions. M. Darwin, n'ayant pas rempli cette condition, a pris pour accordé ce qu'il fallait démontrer : seconde erreur capitale, qui enlève toute solidité à son édifice.

Enfin, en admettant qu'il existe des types premiers, d'où descendent tous les êtres animés, M. Darwin a reculé la difficulté sans la résoudre. D'où viennent, en effet, ces prototypes? Ont-ils existé de toute éternité? sont-ils le produit de la génération spontanée? M. Darwin, plein de prudence, ne laisse même pas entrevoir son opinion sur le premier point; quant à la génération spontanée, il répudie toute alliance avec elle (2). Admettrait-il donc la création de ces prototypes? Mais alors si Dieu a pu leur donner naissance, il est évident qu'il a pu aussi créer toutes les autres espèces et non pas seulement un petit nombre d'entre elles. Ou la création est un fait général, qui s'applique à tous les êtres, ou elle est une erreur; en tout cas, elle ne saurait être une exception.

Tout est donc vague dans le point de départ de la théorie de la mutabilité progressive des êtres vivants; j'ajoute que ses principes eux-mêmes sont contestables.

(1) *L. c.*, Introduction, p. XVIII.
(2) *L. c.*, p. 175.

Celui que nous rencontrons le premier est la *corrélation de croissance*. C'est un fait, mais ce fait prouve contre la théorie. Il montre, en effet, que la nature tend toujours à maintenir entre les différents organes d'un être le rapport harmonique qu'elle a conçu, c'est-à-dire le TYPE, et cela au milieu des efforts déployés par l'homme pour l'altérer.

La *corrélation de croissance* est ainsi l'effort déployé par la nature pour défendre son œuvre, pour s'opposer au développement de variations profondes. En fait, loin de tendre elle-même à produire ces changements, la nature s'y oppose de toute sa puissance, remarque importante qui ruine, dès l'abord, la théorie dont nous nous occupons.

La *concurrence vitale* est aussi un fait, mais un fait mal interprété. Ce n'est pas parce que la multiplication des êtres vivants est considérable que la Providence a multiplié autour d'eux les causes de destruction; c'est, au contraire, parce que ces causes sont nombreuses qu'elle a permis cette procréation surabondante; car, si les êtres organisés ne se reproduisaient pas dans une proportion croissante, certaines espèces pourraient s'épuiser et toutes finiraient par disparaître.

M. Darwin l'a reconnu lui-même : ne dit-il pas qu'une des conditions les plus importantes pour la conservation des espèces est cette immense faculté reproductive; qu'une espèce végétale, par exemple, est d'autant plus sûre de survivre qu'elle porte un plus grand nombre de graines (1)?

(1) *L. c.* p. 102

Or, pourquoi en est-il ainsi? Évidemment parce que toutes ces graines ne sont pas destinées à germer. Les unes serviront de nourriture aux oiseaux du ciel ou à l'homme lui-même, les autres tomberont sur la pierre du chemin et ne se développeront pas; d'autres, semées dans un sol ingrat, seront étouffées par les mauvaises herbes, le petit nombre enfin sera confié à la borne terre; mais alors, pour compenser ces pertes si nombreuses, il produira cent pour un.

C'est là, messieurs, ce que l'expérience de chaque jour enseigne; elle vient donc déposer contre la signification donnée par M. Darwin à son principe; elle montre comment, dans ses déductions, il a pris l'effet pour la cause, ce qui devait nécessairement le conduire à l'erreur.

L'existence de *l'élection naturelle* est-elle mieux établie? Vous ne le penserez pas; car cette *élection naturelle* est une simple métaphore dont M. Darwin a fait malgré lui une entité. Tandis qu'il dit : « *J'ai donné le nom d'élection naturelle au principe en vertu duquel se conserve chaque variation légère, à condition qu'elle soit utile*, AFIN DE FAIRE RESSORTIR SON ANALOGIE AVEC LE POUVOIR D'ÉLECTION DE L'HOMME (1), » il accorde à ce principe, à cette simple comparaison, l'intelligence, la puissance et l'affectibilité.

L'intelligence, puisque devant conserver seulement les *variations utiles*, il lui faut pouvoir les distinguer des variations inutiles ou indifférentes, ce qui suppose un acte de comparaison et de jugement; *la puissance :*

(1) *L. c.*, p. 125.

une puissance conservatrice, il est vrai, mais enfin une puissance réelle; *l'affection :* puisqu'il suppose que ce principe agit toujours en faveur de l'espèce, en voie de transformation, tandis que l'homme se détermine le plus souvent en raison de son caprice ou de son intérêt (1).

Voilà donc un principe intelligent, et plus intelligent que l'homme, puissant et plus puissant que l'homme, capable d'une affection et d'un dévouement qui surpassent l'affection et le dévouement de l'homme, et auquel cependant M. Darwin refuse toute personnalité, toute existence individuelle.

Cet auteur va plus loin encore, il sépare cette *élection*

(1) M. Darwin a résumé ainsi la différence qui existe entre l'action de l'homme et l'action de la nature : « L'homme ne peut agir que sur des caractères visibles et extérieurs; la nature, si toutefois l'on veut bien nous permettre de *personnifier* sous ce nom la loi selon laquelle les individus variables et favorisés sont protégés dans le combat vital, la nature, disions-nous, ne s'inquiète point des apparences, sauf dans les cas où elles sont de quelque utilité aux êtres vivants. Elle peut agir sur chaque organe interne, sur la moindre différence organique ou sur le mécanisme vital tout entier. L'homme ne choisit qu'en vue de son propre avantage, et la nature seulement en vue du bien de l'être dont elle prend soin. Elle accorde un plein exercice à chaque organe nouvellement formé; et l'individu modifié est placé dans les conditions de vie qui lui sont favorables. L'homme garde les natifs de divers climats dans une même contrée; il exerce rarement chaque organe nouvellement acquis d'une manière spéciale et convenable; il nourrit des mêmes aliments un pigeon à bec long ou court; il n'exerce pas un quadrupède à jambes courtes ou longues d'une façon particulière; il expose les moutons à laine épaisse ou rare au même climat; il ne permet pas aux mâles les plus vigoureux de combattre pour s'approprier les femelles; *il ne détruit pas rigoureusement tous les individus inférieurs, mais autant qu'il est en son pouvoir de le faire, il protège en toute saison toutes ses productions;* enfin, il commence souvent son action élective par quelque forme à demi-monstrueuse, ou au moins par quelque modification assez apparente pour attirer son attention ou pour lui être immédiatement utile..... Les caprices de l'homme sont si changeants, sa vie est si courte! comment ses productions ne seraient-elles pas imparfaites en comparaison de celles que la nature peut perfectionner pendant des périodes géologiques tout entières! » (P. 120.)

naturelle de la nature elle-même (1). Dans sa pensée, celle-ci est la cause des variations qui apparaissent, celle-là est chargée seulement de les conserver. La nature se trouve donc alors la plus puissante des deux, ce qui a fait dire à M. Flourens (2) que M. Darwin ne pouvait éviter de la personnifier. Mais le naturaliste anglais a vivement protesté contre cette accusation. Désireux d'éviter, sous ce rapport, la moindre équivoque, il a défini le mot NATURE : « *l'action combinée et le résultat complexe d'un grand nombre de lois naturelles* (3). »

Remarquez, messieurs, cette expression : *la nature est un résultat ;* un résultat, il est vrai, assez puissant pour transformer les espèces, pour faire d'un mollusque un annélide, d'un annélide un vertébré, voire même d'un singe un homme, mais enfin c'est un *résultat*. N'y a-t-il pas là une confusion de mots et d'idées qui ôte toute précision au principe lui-même ? Si la nature est assez puissante pour produire de semblables modifications, elle est cause, elle n'est point effet ; elle est la cause première de toutes choses, elle est Dieu ; pourquoi alors changer les mots ?

Que Dieu, par exemple, en créant les êtres organisés, les ait doués de caractères spéciaux capables de leur permettre de résister à des influences nuisibles, cela se conçoit ; qu'il ait donné à certains insectes une couleur verte, qui les fait se confondre avec les herbes au milieu desquelles ils vivent ; au francolin une couleur grise analogue à celle de l'écorce des arbres, ce qui lui permet

(1) *L. c.*, p. 116.
(2) V. Flourens, *Examen du livre de M. Darwin*, p. 2 et suiv.
(3) Darwin, *l. c.*, p. 117.

parfois d'échapper à l'œil perçant du faucon; à certains fruits un velouté à l'aide duquel ils résistent au charançon; au loup une agilité suffisante pour atteindre sa proie, tout cela est conforme à la puissance et à la prévoyance du créateur, mais qu'un résultat, décoré du nom si vague de *nature*, arrive à produire de semblables effets, c'est ce qui dépasse toute imagination (1).

Tout est donc mal défini dans cette *élection naturelle*. Je dis plus, dans le rôle que M. Darwin lui accorde, de concert avec la nature, cet auteur a dépassé de beaucoup les limites de l'expérience et celles d'une rigoureuse induction.

Le tort de ce naturaliste a été d'assimiler l'action de la nature à celle de l'homme, de supposer que ces deux puissances devaient nécessairement agir dans la même direction, la première prenant la seconde pour modèle. Ses expressions sont précises : « Si l'homme, dit-il, peut faire beaucoup par ses faibles moyens artificiels, *je ne puis concevoir aucune limite à la somme des changements qui peuvent s'effectuer dans le cours successif des âges par le pouvoir électif de la nature* (2). »

Je ne crains pas de le dire : la science tout entière dépose contre cette assertion; ce n'est pas la variabilité des espèces qu'elle prouve, c'est leur permanence. Ce qu'elle démontre par-dessus tout, c'est l'antagonisme qui existe entre la nature et l'homme par rapport à leur action sur les corps organisés.

Tandis que l'homme essaye de modifier ces corps, la nature reste immuable dans ses œuvres.

(1) *L. c.*, p. 121-122.
(2) *L. c.*, p. 117.

Lorsque le premier est parvenu par son industrie à imprimer quelques caractères nouveaux aux êtres vivants, la nature tend toujours à ramener ces derniers à leur type réel et primordial.

L'étude expérimentale et comparée des œuvres de l'homme et de l'action de la nature justifiera ces diverses propositions.

L'homme, sans doute, sait imprimer aux êtres organisés, sur lesquels il exerce son empire, des variations nombreuses : variations manifestes pour le règne animal, plus importantes encore pour les végétaux.

Il suffit de rappeler, parmi les premières, les changements profonds qu'ont subis la race chevaline et la race bovine. « Le cheval, dit M. Faivre, est un des animaux sur lequel l'homme a le plus fortement agi. Au gré de ses besoins ou de ses désirs, il lui a fait une taille élevée ou une stature réduite, un corps massif ou léger, une tête petite et gracieuse ou volumineuse et lourde, il l'a formé pour traîner des fardeaux ou, en s'attachant exclusivement, comme dans le pur sang anglais, à la vigueur des membres, il en a fait un animal de course, qui réunit la résistance au fond, la force à la sobriété, la rapidité à la souplesse. »

Pour les plantes il a été fait plus encore : « Par nos soins, nous apprend le même auteur, les racines, les pédoncules, les tiges sont devenus des réservoirs de principes alimentaires : nous avons amplifié la grandeur des fruits, nous avons teint les fleurs et les feuilles de nuances riches et variées ; nous avons trouvé le secret d'y faire naître les panachures les plus étranges ; nous avons modifié la durée de la vie en rendant annuelles

les plantes vivaces, vivaces les plantes annuelles ; nous avons changé les époques de la floraison et celles de la maturité ; nous avons capricieusement varié la taille, la consistance et la forme (1).

Tout cela est beaucoup sans doute, et cependant la puissance de l'homme est encore ici bien limitée. D'abord ce n'est pas l'espèce tout entière qu'il modifie, c'est seulement un petit nombre des individus qui la représentent ; ce n'est pas sur les caractères essentiels des êtres qu'il agit, mais seulement sur leurs caractères accessoires : « Si puissantes qu'elles soient, les causes de la variabilité n'atteignent que les caractères extérieurs et superficiels ; elles ne changent pas les caractères essentiels, elles n'effacent pas les traits distinctifs (2). »

Remarquons encore combien est instable l'œuvre de l'homme. Selon la remarque de M. Faivre : « Les races industrielles sont factices et conditionnelles ; elles dépendent du climat, du sol, du régime, des alliances, de l'ensemble des soins réguliers et permanents qu'assure la main protectrice de l'homme ; si cette main se retire, si les conditions changent, les races, même anciennes, dégénèrent et disparaissent. Les éleveurs et les horticulteurs connaissent cette instabilité ; aussi veillent-ils à la permanence des conditions, des milieux sous lesquels elles sont produites : heureux lorsqu'ils n'ont pas appris à leurs dépens ce qu'exige de soins, pour le maintien de ses caractères, une race artificielle (3). »

(1) *Considérations sur la variabilité de l'espèce et sur ses limites*, par M. Faivre, professeur à la Faculté des sciences de Lyon, p. 21 et 22.

(2) *Ibid.*, p. 34.

(3) *Ibid.*, p. 30.

L'expérience prononce donc ici en souveraine, et montre que tout est transitoire, contingent, variable dans l'œuvre de l'homme.

Il n'en est pas de même pour ce qui regarde l'action de la nature ; car alors ce n'est plus la variabilité, mais la permanence dont on est témoin ; l'histoire, l'étude des espèces vivant actuellement à l'état sauvage, celle des fossiles le prouvent sans réplique.

Je dis d'abord l'histoire. Si l'on compare, par exemple, les figures d'animaux et de plantes gravées sur les monuments de l'antique Égypte avec les animaux et les plantes qu'on retrouve aujourd'hui dans cette contrée, on reconnaît entre l'image et la réalité une concordance parfaite. Il n'y a donc pas eu de variations d'espèces, dans ce pays, depuis plus de six mille ans. A Pompéi on retrouve des coquilles enfouies sous la lave depuis dix-huit siècles, et qui ne diffèrent pas de celles qu'on recueille sur les rives de la Méditerranée. Galien, on le sait, Vésale l'a prouvé de la manière la plus évidente, étudiait l'anatomie sur des singes, et ses descriptions sont de tous points conformes à celles des naturalistes modernes ; de sorte que le médecin de Pergame ayant laissé croire à ses contemporains qu'il décrivait l'anatomie humaine, cette erreur a pu être scientifiquement établie. Enfin, les descriptions qu'a laissées Aristote de certains animaux s'accordent d'une manière tellement précise avec ce qu'on observe aujourd'hui, qu'il est permis d'affirmer que depuis vingt siècles les espèces auxquelles on les rapporte n'ont pas été modifiées (1).

(1) V. Godron, *De l'espèce et des races dans les êtres organisés*. Paris, 1859, t. I, p. 127 et suiv.

Si de l'histoire nous revenons à la science contemporaine, nous trouverons de nouveaux arguments en faveur de la thèse que je défends. Ainsi les animaux sauvages appartenant à une même espèce et ayant atteint à un développement complet offrent un habitus extérieur semblable; leurs instincts ne varient pas; les herbivores se nourrissent toujours des mêmes plantes; les carnassiers poursuivent les mêmes proies; les insectes s'attaquent aux mêmes feuilles. La durée de la gestation reste la même; le nombre des petits engendrés par chaque espèce ne varie que dans une très-étroite limite; le cri, le chant restent aussi les mêmes. Enfin la taille, la durée de la vie ont des limites d'une fixité relative remarquable.

Ce qui est vrai des animaux, l'est aussi des plantes : pour elles, la forme de la tige, de la fleur, du fruit, de la graine n'ont pas varié; l'époque de la floraison n'a pas changé. Le caractère spécifique reste même si constant que pour les plantes qui s'enlacent autour des arbres, la direction de la spire est constamment la même.

En un mot, depuis que l'homme vit et observe, il n'a constaté aucun changement important dans les caractères des espèces végétales ou animales.

Sans doute, lorsque viennent à se modifier les conditions au milieu desquelles vivent ces espèces, quelques changements apparaissent dans leurs caractères extérieurs; la fourrure des animaux devient plus épaisse à mesure qu'ils s'avancent vers des contrées plus froides; le colori de la fleur se modifie dans les mêmes circonstances. Si, au contraire, celle-ci est transportée dans un climat plus chaud, ses couleurs deviennent plus vives, sa floraison et sa fructification sont plus actives ; mais tous ces changements ne portent que sur les caractères les plus accessoires, et à la condition que le milieu ne sera pas modifié d'une manière trop profonde et trop brusque . car alors les plantes et les animaux ne pouvant subsister dans ces conditions nouvelles, meurent ou fuient, mais ne se transforment pas. La géologie nous en donne la preuve.

Lorsqu'on pénètre, en effet, dans les entrailles de la terre, on trouve, dans les couches superficielles, des débris d'animaux et de plantes se rapportant de la manière la plus exacte aux animaux et aux plantes qui peuplent encore la surface de notre globe. Si on pénètre plus profondément, on est en présence d'un autre spectacle : on trouve réunis des fossiles appartenant à des espèces vivantes et d'autres dont il n'y a plus aujourd'hui aucun représentant. Plus loin encore, on ne rencontre plus que des traces d'animaux et de plantes gigantesques qui n'existent plus.

D'où il résulte que la nature a maintenu sans changement les. espèces qui pouvaient exister malgré les modifications imprimées aux milieux dans lesquels il leur fallait vivre ; mais que du moment où ces modifications ont dépassé certaines limites, elle a laissé périr ces espèces, mais elle ne les a pas transformées.

Si donc la géologie est une science trop imparfaite pour soutenir la théorie de M. Darwin, elle est assez avancée cependant pour la ruiner.

Veuillez encore remarquer, messieurs, que ces espèces ont disparu sans présenter aucun changement dans leur organisation, de sorte que G. Cuvier a pu, en recueillant quelques débris de leurs squelettes, reconstruire l'animal tout entier, concluant de la forme des dents au régime naturel à l'animal, de son régime à la forme de son appareil digestif, de celui-ci à la disposition de ses membres, de là à la forme du squelette, et par conséquent du système nerveux, etc. Et lorsque, plus tard, en continuant les fouilles, on découvrit de ces animaux antédiluviens complétement conservés dans leurs parties osseuses, on reconnut que les inductions de Cuvier avaient été rigoureuses et légitimes. Il n'en eût certainement pas été ainsi si les espèces avaient été variables, car on aurait dû alors hésiter souvent entre l'espèce-mère et celles qui auraient été en voie de transformation.

Il est encore un fait sur lequel M. Darwin a beaucoup insisté et qui est trop concluant pour que je ne m'empresse pas de vous le signaler : c'est le résultat de la concurrence vitale, résultat signalé par lui-même et avec beaucoup d'insistance.

M. Darwin ne parle-t-il pas d'une espèce d'hirondelle qui a été remplacée par une autre aux États-Unis? d'une espèce de bœufs qui se serait substituée à une autre espèce dans le comté de Hereford? de moutons qui parviennent, dans un même troupeau, à faire périr les autres par famine (1)? Pourquoi donc ces hirondelles ont-elles fui au lieu de se transformer? pourquoi ces bœufs ont-ils disparu au lieu de s'assimiler à leurs concurrents? pourquoi, dans ces troupeaux, ces moutons pé-

(1) *L. c.*, p. 110.

rissent-ils au lieu de se perfectionner de manière à pouvoir lutter contre leurs compétiteurs? Évidemment, parce que ces transformations sont impossibles, parce que les êtres organisés ne peuvent changer dans leurs caractères essentiels, en un mot, parce que l'espèce est fixe.

Il est encore un autre fait qui vient prouver contre leur variabilité, je veux parler de l'existence des types inférieurs. S'il y a, en effet, des êtres qui aient intérêt à changer, ce sont, sans aucun doute, ceux-là, et cependant on les retrouve toujours, ils se reproduisent avec des caractères identiques ; les infusoires eux-mêmes en sont là. Certes, il y a dans ce fait une grande objection contre la théorie de la variabilité progressive. Reste à savoir comment on peut concilier l'une et l'autre.

M. Darwin l'a tenté en ces termes :

« La raison principale, dit-il, de la persistance des types inférieurs, c'est qu'une organisation très-élevée ne saurait être d'aucune utilité à des êtres destinés à vivre dans des conditions de vie très-simples, et pourrait même leur être nuisible, en ce que, d'une structure plus délicate, elle serait exposée à des désordres plus graves et plus fréquents (1). »

Je dis, messieurs, que cette raison ruine le système du naturaliste anglais, car elle s'applique à tous les types, à toutes les espèces. Pour toutes, en effet, il y a une corrélation assez étroite contre l'organisation départie à chacune et le rôle qu'elle doit jouer dans l'har-

(1) *L. c.*, p. 177.

monie de la nature, pour que cette espèce ait le moindre intérêt à varier. Que pourrait gagner, je vous le demande, le mollusque à devenir un vertébré? Qu'est-ce que le ruminant gagnerait à devenir singe! Fait reconnu par M. Darwin lui-même quand il a dit : « Quel avantage pourrait-il y avoir pour un animalcule infusoire, pour un ver intestinal, même pour un ver de terre à être doué d'une organisation élevée? »

Et du reste, que signifie cette expression de *types inférieurs?* Sans doute, si nous comparons les êtres organisés entre eux, nous en trouvons dont la structure est plus complexe et d'autres dont l'organisme est plus simple; mais si nous étudions ces êtres sous le rapport du lien qui existe entre leurs fonctions et leurs organes, nous voyons que ce lien est exact, précis, suffisant; qu'en un mot, le mollusque est aussi parfait comme mollusque que le vertébré est parfait comme vertébré.

Aucune espèce n'a donc intérêt à varier; sous l'influence des lois naturelles *seules*, aucune ne change, à plus forte raison aucune ne se transforme : l'hypothèse de M. Darwin n'est donc pas soutenable.

Lui-même s'est chargé, au reste, de lui porter un dernier coup en proclamant ce qu'il appelle la *réversion au type des aïeux*, laquelle prouve encore que l'homme et la nature déploient souvent une action opposée, et non pas similaire, sur les êtres organisés.

Ainsi, qu'on abandonne à elle-même une plante longtemps cultivée, et, comme on le dit généralement, elle reviendra à l'état sauvage, ou tout au moins reprendra son type premier. J'en citerai un exemple : on apporta un jour à Linnée un fraisier dont la culture avait profondément modifié les feuilles. Celles-ci, au lieu de se composer de trois folioles, n'en avaient plus qu'une. Ce fraisier fut conservé au Jardin des plantes, et Duchêne, le célèbre jardinier de cette époque, le vit fleurir et fructifier. Il essaya alors de le reproduire en semant les graines, et au troisième semis il obtint un fraisier dont les feuilles avaient recouvré leur caractère naturel; elles étaient trifoliolées.

Le même fait a été observé pour les animaux. Les voyageurs n'ont-ils pas retrouvé au porc redevenu sauvage tous les caractères du sanglier? des poules, embarquées sur un navire et jetées par un naufrage loin de l'œil de l'homme, n'ont-elles pas été retrouvées aussi avec tous les signes de leur espèce primitive?

Enfin, messieurs, lorsque par son industrie l'homme parvient à croiser des espèces voisines, en vue d'obtenir des métis, la nature ne met-elle pas un obstacle invincible à la perpétuité de cette œuvre en frappant l'hybride de stérilité quand on l'accouple à un hybride semblable à lui, ou en ramenant ses descendants au type premier, quand on croise cet hybride avec un de ses engendreurs?

M. Faivre a donc eu raison d'écrire : « Si l'influence des milieux, l'industrie de l'homme, peuvent modifier l'espèce et produire des races, ces modifications ont des bornes fatales, ces races sont relatives et éphémères; elles semblent, pour parler le magnifique langage de Buffon, des possessions usurpées pour un temps sur la nature, et qu'elle a chargé la main sûre des siècles de lui rendre (1). »

(1) V. Faivre. *l. c.*, p. 34.

Ainsi, messieurs, soit que nous examinions la théorie de M. Darwin dans son point de départ, dans sa méthode ou dans ses principes, soit que nous la suivions dans ses applications, force nous est de la reconnaître pour défectueuse à tous égards; et cependant l'auteur l'a entourée des faits les plus nombreux et les plus curieux. Malheureusement, il s'est laissé entraîner dans l'appréciation bien au delà des bornes d'une induction légitime; de là les contradictions sans nombre que l'on retrouve dans son œuvre; de là ses hypothèses et l'erreur de ses conclusions. Malgré tout, les faits, patiemment réunis par ce travailleur infatigable, resteront comme une mine précieuse que la science devra exploiter; car, chez lui, ce n'est pas l'observateur sagace et consciencieux qui est en défaut, c'est le logicien : preuve irrécusable qu'il ne suffit pas dans les sciences de savoir regarder, qu'il faut savoir apprécier; qu'en un mot, il ne convient pas de donner aux sens un empire absolu, qu'il faut toujours faire la part de l'intelligence, de la raison.

La seconde théorie par laquelle on ait essayé de résoudre le problème de l'origine des espèces est la théorie de Lamark; j'y insisterai peu, car elle proclame aussi la variabilité progressive des cararctères chez les êtres organisés, de sorte que les objections que j'ai faites tout à l'heure s'appliquent de tout point à la conception du naturaliste français.

Entre Lamark et M. Darwin il n'y a, en effet, qu'une différence d'application; un exemple la fera facilement saisir : « Lamark, dit M. Lyell, en cherchant l'origine du long cou de la girafe, s'imagine que ce quadrupède s'était étendu pour atteindre les rameaux d'arbres élevés, jusqu'à ce qu'à la suite d'efforts continus, et à force de chercher à arriver de plus en plus haut, il eût acquis un cou allongé. M. Darwin et M. Wallace supposent simplement que, pendant une saison de disete, une variété à long cou eut l'avantage, sous ce rapport, sur le reste de l'espèce, lui survécut, grâce à ce qu'elle put brouter le feuillage hors de la portée des autres, et transmit à ses successeurs cette particularité de conformation (1). »

Franchement, messieurs, ces deux hypothèses se valent; elles se réfutent assez d'elles-mêmes pour qu'il soit utile d'y insister.

Il en est autrement de l'explication donnée par Lamark de la permanence des espèces inférieures, permanence qu'il rapportait à la génération spontanée; car ceci m'amène à vous dire un mot de cette dernière; ce que j'accepte d'autant mieux qu'on a fait beaucoup de bruit autour d'elle depuis quelque temps.

Vous savez que par *génération spontanée*, on entend la production d'êtres vivants sans le concours de germes primitifs; qu'on a prétendu, par exemple, qu'en mettant en contact de l'air et de l'eau, en les soumettant à l'action de la chaleur et de la lumière, on y verrait naître des infusoires.

Or, messieurs, cette théorie n'est point encore assise sur une base stable; tous les faits invoqués en sa faveur peuvent s'expliquer autrement, et la seule expérience

(1) V. Ch. Lyell, *l'Ancienneté de l'homme prouvée par la géologie*, p. 435.

décisive sur laquelle il serait possible de l'appuyer a échoué et échoue tous les jours.

Il y a, en effet, un fait incontestable, c'est que l'air est rempli de germes. Le microscope le démontre pour un grand nombre ; mais nous savons trop combien nos sens sont bornés pour avoir la prétention de voir tout ce qui existe, même avec les instruments d'optique les plus forts.

Ces germes, pour se développer, ont besoin d'un terrain ; celui-ci est le plus souvent un organisme mort et en voie de décomposition, ou un organisme malade. Que ces germes, invisibles pour nous, viennent à rencontrer un terrain convenable, ils se développeront, s'accroîtront en volume et pourront être alors reconnus non-seulement par l'œil armé du microscope, mais aussi à l'œil nu.

Dans ce cas, un germe invisible en raison de sa petitesse infinie, est devenu perceptible par le fait de sa germination ; il y a eu développement d'un être, mais il n'y a pas eu de génération spontanée.

Je sais bien qu'on a fait d'autres expériences : on a rempli des ballons de verre avec de l'eau distillée, on y a fait entrer de l'air qu'on avait forcé de traverser un tube de porcelaine rougi à blanc, de manière à détruire tous les germes qu'il pouvait contenir, et on a dit que des infusoires avaient paru dans ce ballon.

Mais cette expérience a été contestée dans ses résultats, et ses conséquences ne sont pas aussi précises qu'on pourrait le croire au premier abord. Car, dans ce ballon il a fallu faire le vide, et nous ne pouvons obtenir le vide absolu ; donc des germes ont pu rester attachés à ses parois ; en outre, les germes qui se sont trouvés au centre de la colonne d'air ont pu échapper, en partie du moins, à l'action de la chaleur ; quand il n'y en aurait qu'un seul qui fût arrivé dans le ballon, il aurait suffi pour devenir l'origine des infusoires observés.

Cette expérience n'est donc pas concluante ; il y en aurait une bien plus irrécusable. Elle consisterait à mettre en présence les éléments chimiques des tissus organisés, à soumettre ces éléments à l'action des forces physiques et chimiques seules. Si dans ce cas on obtenait des êtres vivants, la génération spontanée serait définitivement établie ; si elle échouait, elle serait à jamais ruinée.

Or, messieurs, cette expérience se fait chaque jour dans nos laboratoires. Les éléments chimiques des tissus organisés sont en effet des plus communs : le carbone, l'oxygène, l'hydrogène et l'azote. Qu'on les mette en présence dans les proportions où ils se trouvent dans nos tissus, qu'on les fasse se rencontrer sous cette forme que les chimistes appellent l'état naissant, sous lequel les combinaisons des corps sont faciles à s'effectuer ; qu'on expose ces mélanges à l'action de la chaleur et de la lumière, qu'on le sillonne même, si l'on veut, d'étincelles électriques, et le résultat sera constant : on obtiendra de l'acide carbonique, de l'eau et de l'ammoniaque, mais on n'aura ni un tissu, ni un organe, ni même cette cellule primitive que les physiologistes considèrent aujourd'hui comme l'élément premier des corps organisés.

Il faut donc autre chose que des forces physiques et des éléments empruntés à la nature inorganique pour obtenir l'organisation : il faut la vie. Or, la vie se trouve dans le germe, elle ne se rencontre ni dans l'eau, ni dans l'air, ni au sein de la terre ; il n'y a donc pas de génération sans un germe et sans un terrain convenable ; il n'y a pas de génération spontanée.

La théorie de Lamark ne pouvant ainsi supporter l'examen dans son point de départ, celle de M. Darwin ne supportant pas non plus l'épreuve de la critique, nous sommes ramenés, messieurs, par voie d'exclusion, au système de la création, que je vous demanderai d'examiner maintenant à la lueur des découvertes de la science moderne, et en m'appuyant sur sa méthode et sur ses déductions les plus rigoureuses.

Ce système, je devrais mieux dire, ce dogme, car la création n'est ni un système ni une théorie, c'est un dogme, implique trois choses : l'existence de Dieu, la création successive des règnes de la nature et la permanence des espèces. Lorsque Moïse décrit les différents actes de la création, il indique l'apparition en des temps distincts des minéraux, des végétaux et des animaux : il signale, parmi ces derniers, d'abord les poissons et les oiseaux, puis les animaux qui peuplent la terre. Ces œuvres accomplies, il représente le créateur, prenant en quelque sorte conseil de lui-même, et créant en dernier lieu l'homme, à son image et à sa ressemblance. Pour les animaux et pour les plantes, l'historien sacré ne manque pas de dire qu'ils furent créés *chacun suivant son espèce ;* s'il ne fait pas une pareille mention pour l'homme, c'est qu'il parle au singulier et non plus au pluriel : il dit l'homme et non pas les hommes (1).

Tout se réduit donc à savoir si les êtres organisés ont pu apparaître en ce monde sans un acte créateur, si la science justifie l'ordre indiqué par Moïse, si elle prouve la permanence des espèces, enfin si elle nous permet de séparer l'homme des autres espèces animales, au point de vue de la création.

Je ferai remarquer d'abord que le plus grand nombre des naturalistes accepte ce dogme ; M. Darwin en convient (2), son témoignage ne saurait être suspect. De cette unanimité résulte au moins une probabilité extrême, sinon une certitude, que là se trouve la vérité.

Créer, d'après la définition des théologiens, veut dire faire de rien, ainsi que l'enseigne saint Thomas, « *creare est ex nihilo facere.* » Le premier point à élucider consiste donc à savoir si les corps de la nature, qu'ils soient organisés ou non, ont reçu l'être ou s'ils ont pu se le donner.

Pour les corps inorganiques, la réponse n'est pas douteuse. D'une part, si nous constatons leur existence, nous concevons très-bien qu'ils pourraient ne pas exister, ils sont donc ce qu'on appelle des êtres contingents ; limités dans l'espace, ils doivent l'être aussi dans le temps, sans quoi ils seraient finis quant à leur étendue et infinis quant à leur durée, ce qui est absurde. Ces corps n'ont donc pas toujours été, de plus ils n'ont pu se donner l'existence à eux-mêmes, puisque celle-ci ne leur

(1) V. *Cursus theologiæ completus*, t. V, p. 120.

(2) Il dit à la première page de sa Notice historique : « Il est admis par la majorité des naturalistes que les espèces sont des productions immuables de la nature, et que chacune d'elles a été l'objet d'un acte créateur spécial. »

appartient pas d'une manière absolue; il leur a donc fallu la recevoir.

Ce qui est vrai des corps bruts est plus évident encore à l'égard des êtres vivants, pour lesquels l'existence est si bien un fait contingent, que nous les voyons sans cesse naître et mourir.

Or, ces êtres naissent les uns des autres; et nous pouvons, par la pensée, remonter jusqu'à un premier parent, lequel, s'il peut transmettre la vie à d'autres, ne saurait non plus se la donner à lui-même. Dans ce cas, il ne peut la devoir qu'à une cause assez puissante pour produire un effet aussi complexe, assez intelligente pour en concevoir le plan; à une cause enfin qui, ayant en elle l'être absolu, ne soit limitée dans son action, ni par le temps ni par l'espace. Cette cause infinie dans sa puissance, dans sa durée, dans son intelligence, tous les philosophes et tous les savants l'appellent Dieu; nous n'avons donc pas lieu d'être surpris si tous se rangent au dogme de la création, répétant avec Moïse : *In principio Deus creavit cœlum et terram*, c'est-à-dire, selon l'interprétation d'un savant auteur : « *Au commencement Dieu, qui était, créa ce qui n'était pas encore* (1). »

La présence des êtres ne pouvant s'expliquer d'une manière raisonnable sans la création, celle-ci a-t-elle réellement eu lieu dans l'ordre indiqué par Moïse?

(1) V. *La vie chrétienne au milieu du monde*, par le P. Michel Bautrand, p. 284.

Voir aussi, sur la nécessité de la création, la *Théologie dogmatique* de Mgr Gousset, t. II. p. 47. et le *Catéchisme philosophique*, de Feller, t. I, p. 46 et suiv.

Tout le prouve.

Veuillez, en effet, remarquer, messieurs, comment s'enchaîne le récit Mosaïque pour arriver au dernier terme de l'œuvre de Dieu, la création de l'homme.

Au commencement, que *fait* Dieu, selon Moïse? Il crée les éléments inorganiques, ce que l'historien sacré appelle le ciel et la terre : *cœlum et terram;* ajoutant qu'à cette époque les éléments étaient confondus, et que, seul, l'esprit de Dieu était porté sur les eaux.

Les éléments formés, les forces physiques apparaissent, Moïse les représente par un seul mot, la lumière : *fiat lux.*

On a cru voir autrefois une erreur dans cette affirmation; séparer la lumière des corps lumineux semblait une énormité. De ce que Moïse plaçait la création de la première au premier jour, et celle des seconds au quatrième, on concluait à l'erreur de son récit. Cette objection devait tomber cependant devant une réflexion bien simple : c'est que la lumière appartient si peu aux astres, que nous la retrouvons partout; le bois qui brûle dans le foyer, la lampe qui nous éclaire, ne produisent-ils pas une lumière éclatante? La plupart des phénomènes chimiques ne s'accompagnent-ils pas d'un développement de lumière incontestable? Or, la science prouve que cette lumière artificielle ne diffère pas de la lumière solaire, car quand on analyse un rayon lumineux, quelle que soit sa source, on lui retrouve toujours les mêmes éléments (1).

(1) L'analogie la plus complète a été établie entre la manière dont se comporte un rayon lumineux et un rayon de chaleur. On savait qu'ils se réfléchissaient suivant les mêmes lois; on sait aujourd'hui qu'ils se réfractent de

On sait encore que cette lumière a une action complexe. Non-seulement elle éclaire les corps, mais elle les échauffe, les dilate, les vaporise, favorise un grand nombre de réactions chimiques et de fonctions physiologiques, renferme enfin un élément électrique incontestable. Partout où l'on rencontre un rayon lumineux, on trouve donc aussi la chaleur et l'électricité, ce qui permet de confondre sous ce terme générique, *la lumière*, l'ensemble des forces qui régissent la matière brute.

Les éléments et les forces inorganiques une fois formés, Dieu, d'après la Génèse, prépare les milieux qu'il peuplera bientôt; d'abord le firmament, qui ne saurait exister si la lumière et la chaleur n'étaient là pour maintenir, dans un état de tension convenable, les gaz et les vapeurs qui le composent; puis les eaux, qui ne conserveraient pas leur état liquide si la pression de l'atmosphère ne s'opposait à leur vaporisation; enfin la terre désignée sous le nom d'*élément aride*.

A toutes ces affirmations la science ne peut rien opposer.

Au troisième jour, Dieu couvre la terre d'herbes et de fruits. Or, à ce moment, le règne végétal trouvait un sol pour y implanter ses racines, une atmosphère pour y puiser la plus grande partie de ses éléments nutritifs, l'eau indispensable à son existence, la lumière nécessaire à l'accomplissement de ses fonctions respiratoires et organisatrices; ce règne pouvait donc exister.

Toutefois, une action alternative de la lumière et de

même. Ainsi, en faisant passer des rayons de chaleur à travers une lentille de glace, on enflamme de l'amadou placé au foyer de cette lentille. M. Jamain, s'appuyant sur ce fait, s'est prononcé en faveur de l'identité de nature de ces forces.

la chaleur devenant nécessaire, à ce moment la lumière naturelle fut localisée; Dieu la concentra sur deux grands corps lumineux, imposant en même temps au monde astronomique des révolutions régulières; les jours et les nuits, les saisons et les années.

Tout étant alors disposé, le règne animal apparaît; d'abord les poissons et les oiseaux, ensuite les animaux domestiques, les reptiles et les bêtes sauvages, en dernier lieu l'homme.

Or, veuillez remarquer que le règne animal ne pouvait exister avant toutes ces créations antérieures, et que l'homme n'aurait pu remplir le but de son existence s'il avait paru le premier.

Que le règne animal ne puisse exister sans le règne végétal, c'est ce dont tout le monde est forcé de convenir; celui-ci offre, en effet, la nourriture de tous les herbivores; sans lui la respiration des animaux serait impossible; de même que sans la présence de ces derniers les plantes ne pourraient vivre et prospérer. La physiologie prouve, en effet, que ces animaux, dans l'acte de la respiration, rejettent sans cesse de l'eau et de l'acide carbonique, auxquels leurs excrétions ajoutent de l'ammoniaque, et que c'est précisément ces trois composés que les végétaux absorbent et décomposent, fixant dans leurs tissus l'hydrogène, le carbone et une partie de l'azote, tandis qu'ils rejettent l'oxygène. De là vient que les plantes et les arbres purifient l'air, tandis que les animaux le vicient, au point de vue de l'acte respiratoire, et que c'est, au contraire, le règne animal qui fournit aux végétaux les éléments nutritifs dont ceux-ci ont besoin.

Le règne minéral, le règne végétal et le règne animal forment donc un véritable cycle dans lequel se meut sans cesse une partie des éléments du monde inorganique, éléments empruntés aux plus communs, au limon de la terre, lequel, sous l'influence de la vie, constitue la trame des tissus de tous les êtres organisés (1).

Or, ces êtres, comme au reste tous les corps de la nature, jouissent, suivant Aristote, dont saint Thomas a reproduit l'enseignement, de deux ordres de propriétés; les unes qui sont *en acte* (in actum), les autres qui sont seulement *en puissance* (in potentiam), distinction importante qui rend parfaitement compte des variations dont les espèces sont parfois le théâtre. L'homme peut, en effet, par son industrie, mettre *en acte* des propriétés restées jusque-là *en puissance ;* c'est l'œuvre du physicien et du chimiste pour les corps bruts, celle de l'horticulteur et de l'éleveur pour les corps organisés. Mais, comme tout est ordonné dans l'œuvre de la Providence, on ne peut admettre qu'il y ait dans un être des caractères en puissance qui soient en opposition avec ses caractères en acte, et comme l'homme peut seulement faire apparaître des caractères latents, sans jamais en créer aucun, son pouvoir modificateur est limité.

Une autre considération rend compte encore des limites imposées à ce pouvoir.

Pendant le cours de leur existence, la partie matérielle des corps organisés n'a rien de fixe; elle se fait et se défait sans cesse, et cependant l'être vivant conserve au milieu de ces transformations son individualité, son

(1) Voyez sur ce sujet la *Statique chimique des êtres organisés*, par M. le professeur Dumas. Paris, 1840.

unité. S'il diffère de la matière brute, ce n'est pas par la composition chimique de ses tissus, c'est par la disposition de ses éléments, c'est par sa forme, forme qui est elle-même l'expression de la vie. Vous ne serez donc pas surpris si les physiologistes considèrent celle-ci, non pas comme une propriété de la matière, mais comme une force « sans laquelle, dit Hahnemann, l'organisme matériel ne peut ni sentir, ni agir, ni rien faire pour sa propre conservation (1). »

Or, cette force est la cause à laquelle il convient de rapporter pour chaque individu l'existence du *type*, et c'est précisément parce que l'homme ne peut modifier profondément l'action de la force vitale, sans anéantir ses effets, qu'il ne peut modifier le type d'un être que dans ses caractères accessoires.

Il est facile de comprendre maintenant le sens et la valeur de cette expression de la Genèse : « Les plantes et les animaux furent créés *chacun suivant son espèce*, » les variations que chaque individu peut subir, se trouvant ainsi renfermées dans les limites de l'espèce elle-même, laquelle reste fixe dans ses caractères essentiels au milieu des modifications nombreuses dont ses caractères secondaires peuvent être l'objet.

Vous le voyez donc, messieurs, la science moderne confirme de tous points la révélation mosaïque; elle justifie, sous tous les rapports, le dogme de la création pour ce qui concerne l'apparition et la permanence des espèces.

(1) *Organon de l'art de guérir*, par Samuel Hahnemann, cinquième édition française, accompagnée de *Commentaires*, par M. le docteur Léon Simon père, § 6.

En est-il de même pour l'homme? C'est là encore une grande question : permettez que je m'y arrête un instant. Je le dois d'autant mieux que la philosophie moderne essaye de renverser, sous ce rapport, le dogme révélé, et qu'il n'est pas sans intérêt de savoir si la science suit, sous ce rapport, le même chemin que certains représentants de la métaphysique.

Veuillez remarquer d'abord que l'homme ne peut être le produit de la génération spontanée. La citation suivante, que j'emprunte à un publiciste éminent le prouve d'une manière suffisante : « Il est reconnu et constaté par la science, dit M. Guizot, que notre globe est antérieur à l'homme. De quelle façon et par quelle puissance le genre humain a-t-il commencé sur la terre? Il ne peut y avoir de son origine que deux explications : ou bien il a été le travail propre et intime des forces naturelles de la matière ; ou bien il a été l'œuvre d'un pouvoir surnaturel, extérieur et supérieur à la matière. La création spontanée ou la création libre, il faut, à l'apparition de l'homme ici-bas, l'une ou l'autre de ces causes.

« Mais en admettant, ce que pour mon compte je n'admets nullement, les générations spontanées, ce mode de production ne pourrait, n'aurait jamais pu produire que des êtres enfants, à la première heure et dans le premier état de la vie naissante. Personne, je crois, n'a jamais dit, et personne ne dira jamais que, par la vertu de la génération spontanée, l'homme, c'est-à-dire l'homme et la femme, le couple humain, ont pu sortir, et qu'ils sont sortis un jour, du sein de la matière, tout formés, tout grands, en pleine possession de leur taille, de leur force, de toutes leurs facultés, comme le paganisme grec a fait sortir Minerve du cerveau de Jupiter.

« C'est pourtant à cette condition seulement, qu'en apparaissant pour la première fois sur la terre, l'homme aurait pu y vivre, s'y perpétuer et y fonder le genre humain. Se figure-t-on le premier homme naissant à l'état de la première enfance, vivant, mais inerte, inintelligent, impuissant, incapable de se suffire un moment à lui-même, tremblant et gémissant, sans mère pour l'entendre et pour le nourrir. C'est cependant là le seul premier homme que la génération spontanée puisse donner. Évidemment, l'autre origine du genre humain est la seule admissible, la seule possible. Le fait surnaturel de la création explique seul l'apparition de l'homme ici-bas... Et les rationalistes sont contraints de s'arrêter devant le berceau surnaturel de l'humanité, impuissants à en faire sortir l'homme sans la main de Dieu (1). »

L'homme a donc été créé; sous ce rapport il n'échappe point à la loi commune. Reste à savoir, messieurs, s'il a été créé comme espèce distincte, ou seulement comme variété d'une espèce antérieure; en un mot, si nous devons voir en lui un être formé à l'image et à la ressemblance de Dieu, ou seulement un *singe perfectionné*, comme quelques philosophes l'ont soutenu, ou même un *singe dégénéré*, ainsi que quelques auteurs l'ont dit dans un excès d'humilité difficile à comprendre.

Or, j'affirme qu'au point de vue de la science il existe un abîme entre l'homme et le singe le plus parfait : l'anatomie, la physiologie et la psychologie se réunissent

(1) V. Guizot, *l'Eglise et la société chrétienne en* 1861, chap. IV, p. 26, et le *Traité du Saint-Esprit*, par Mgr Gaume, t. I, p. 41.

pour le prouver. Sans doute, l'homme se confond sous plus d'un rapport avec les autres espèces du règne animal : la composition de ses tissus, la disposition d'un certain nombre de ses organes, l'accomplissement de ses fonctions végétatives et reproductives, ses instincts eux-mêmes le rapprochent des animaux qui occupent le sommet de l'échelle zoologique.

D'un autre côté, certains singes ressemblent tellement, au premier abord, à certains sauvages que tous semblent se confondre en une même espèce et former une véritable transition entre l'espèce singe et l'espèce humaine.

Ne sait-on pas que le gorille, par exemple, vit en troupe, sinon en société, qu'il s'organise pour le pillage, plaçant ses sentinelles et ses vedettes destinées à éclairer le gros de l'armée et à l'avertir de l'approche de l'ennemi ? Ne sait-on pas aussi que cet animal est susceptible d'une véritable éducation, qu'il peut arriver à prendre ses repas devant une table, se servant d'une fourchette et d'un couteau aussi bien que l'homme le plus civilisé (1)? N'a-t-on pas dit, enfin, que ce singe savait marcher comme l'homme sur deux pieds seulement, et n'a-t-on pas donné comme preuve de la perfection de son instinct ce fait : qu'il s'approchait des feux allumés par les sauvages et qu'il s'y chauffait (2)?

Enfin, un chasseur qui a longtemps poursuivi ces singes n'a-t-il pas écrit : « Je n'ai jamais pu, en face du gorille abattu, garder cette indifférence et encore moins

(1) V. Desdouits, *L'homme et la création*, p. 171.

(2) Le gorille se chauffe au feu allumé par les sauvages, mais il ne songe ni à l'allumer lui-même ni à l'alimenter; jamais il n'y jetterait une branche. En se chauffant il obéit à l'instinct, mais il manque de réflexion.

ressentir cette joie triomphante du chasseur après un coup heureux. Il me semblait toujours avoir tué une créature, monstrueuse à la vérité, mais gardant encore quelque chose d'humain. C'était une erreur, je le savais, et pourtant ce sentiment était plus fort que moi (1). »

Eh bien! malgré ces traits analogiques, je soutiens que l'homme présente des caractères trop différents de ceux du gorille ou du chimpanzé pour que l'on puisse songer un instant à les confondre, car il s'en distingue par trois caractères essentiels : le type physiologique, l'intelligence et la parole.

Le type physiologique se reconnaît à la proportion relative des organes : ainsi le singe a des bras d'une longueur disproportionnée avec celle de son corps ; il a, de plus, quatre mains, c'est-à-dire que ses quatre membres se terminent par des extrémités dans lesquelles le pouce est opposable aux autres doigts, de sorte que ses extrémités postérieures sont tout aussi bien des organes de préhension que les extrémités antérieures.

Le singe peut bien se tenir droit, mais ce n'est pas sans fatigue; aussi ne peut-il conserver longtemps cette position et est-il forcé, quand il veut la maintenir, de s'appuyer sur un bâton. Toute la disposition de son squelette rend compte de cette nécessité. Tandis que le crâne de l'homme s'articule avec la colonne vertébrale par sa partie moyenne, celui du singe s'articule par sa partie postérieure, de sorte que la tête tend toujours à tomber en avant et doit être retenue par des ligaments épais et par des muscles puissants. Encore arrive-t-il

(1) M. Du Chailly, dans Louis Figuier, *l'Année scientifique et industrielle*, huitième année, p. 303.

que la face tend à prendre une direction verticale, qui entraîne forcément, comme habitude, la position horizontale du tronc. La situation des viscères, la forme des membres inférieurs, leur mode d'articulation avec le bassin prouvent que telle est bien la démarche naturelle du singe.

Un savant que vous avez souvent applaudi dans cette enceinte, dont la science pleure la perte récente et prématurée, P. Gratiolet, avait mis tous ces faits en lumière dans un travail récent, qui fut un de ses derniers adieux, et dans lequel il revendiquait pour l'homme l'honneur d'une création spéciale, en rapport avec son éternelle destinée (1).

Chez l'homme, en effet, ainsi que je le disais tout à l'heure, le crâne se trouve en équilibre sur la colonne vertébrale, et il n'a pas besoin de déployer de grands efforts pour maintenir sa position sur cet axe. Les membres supérieurs sont relativement courts, et seuls ils se terminent par des mains dans lesquels tous les doigts jouissent d'un mouvement indépendant, le pouce restant opposable à chacun d'eux. Les pieds, au contraire, offrent une surface plane; le pouce n'est pas opposable aux orteils; ceux-ci n'ont qu'un mouvement de flexion très-limité; ils sont très-courts par rapport aux autres parties du pied; en un mot, celui-ci se présente comme organe de sustentation et non comme organe de préhension. Si l'on tient compte des différentes courbures de la colonne vertébrale, de la situation du cœur, de la disposition des vaisseaux qui conduisent le sang au cer-

(1) V. Louis Figuier, *l. c.*, p. 276, neuvième année.

veau, de la forme et de la position des viscères, on restera convaincu que la station droite est spéciale à l'homme, qu'aucune autre ne peut lui convenir, qu'il a été créé pour s'avancer les pieds fixés sur le sol et les yeux levés vers le ciel.

Veuillez remarquer encore, messieurs, comment ces différences d'organisation s'adaptent d'une manière exacte au rôle départi à chacun de ces êtres. Ainsi que le remarque M. Desdouits : « L'homme, destiné à la marche, doit avoir le pied organisé selon le système qui existe; ce pied ne doit pas pouvoir se plier comme sa main, ni ses doigts se joindre les uns aux autres. Le singe, au contraire, destiné à vivre dans les forêts et sur les branches des arbres, comme le prouvent ses mœurs et ses habitudes constantes, était favorisé dans ce but par quatre mains flexibles, tandis que la forme du pied humain eût été pour lui un véritable embarras (1). » Ce qui revient à dire que le singe serait un homme très-incomplet et l'homme un singe très-embarrassé dans ses mouvements.

Bien d'autres caractères anatomiques séparent encore l'homme du singe; d'abord la capacité du crâne, bien plus vaste chez le premier que chez le second, ensuite le volume et la disposition du cerveau, enfin l'angle facial toujours plus aigu chez lui que chez le sauvage le plus abruti (2).

Enfin, messieurs, une grande faculté les distingue encore, cette faculté c'est l'intelligence. Tandis que le singe est seulement instinctif, l'homme est intelligent,

(1) V. Desdouits, *L'homme et la création*, p. 172.
(2) Godron, t. II, p. 178 et suiv.

et, comme conséquence, tandis que l'homme est doué de la parole, le singe reste muet. Oui, il y a entre l'homme et le singe toute la différence qui existe entre l'intelligence et l'instinct, différence profonde qui les sépare à tout jamais. « Le mot instinct, dit Bossuet, signifie impulsion ; il est opposé à choix. » L'instinct consiste, en effet, dans cette « faculté particulière qui est la cause immédiate d'un grand nombre d'actions, que les animaux exécutent aveuglément et auxquels ils sont forcément portés (1); » il est mis en jeu par le plaisir ou par la douleur physiques et conduit l'animal à des mouvements spontanés et irréfléchis.

L'animal dont la puissance psychologique ne dépasse pas l'instinct, est incapable de jugement et de raisonnement. Tout ce qui sort du monde matériel, du sensible et du tangible, lui échappe ; il ne peut arriver à la conception des lois générales, à la science. Il a un certain degré d'imagination et de mémoire, cela est vrai, mais seulement une imagination et une mémoire conservatrices, qui lui retracent les obstacles matériels ou lui apprennent les conditions favorables à la conservation de sa vie. En un mot, ainsi que le dit Ubaghs, « l'animal ne s'exerce que sur des objets sensibles et d'une manière sensible ; il n'a que des perceptions sensibles, une imagination sensible, une mémoire sensible, des appétits sensibles et un instinct sensible (2). »

Or, une puissance aussi limitée ne peut être confondue un instant avec cet ensemble de facultés auquel on a

(1) Godron, t. II, p. 172.

(2) V. *Précis de psychologie*, par Ubaghs, professeur à l'Université de Louvain, p. 142

donné le nom de raison et qui s'exercent sur les objets placés bien au delà du domaine des sens; dont l'action est essentiellement volontaire, libre, qui réprime et domine les mouvements instinctifs, tire parti des sensations qu'elle apprécie, se perfectionne et perfectionne l'individu qui en est doué. L'homme, en effet, a conscience à la fois des objets matériels et de ceux qui sont hors de la portée des sens; il s'élève jusqu'à la notion des rapports de convenance et de disconvenance des choses, raisonne et conclut de manière à parvenir jusqu'à la conception des lois générales, jusqu'à la méthode; il peut, enfin, s'élever jusqu'aux conceptions les plus élevées; sortir, par sa pensée, des limites de ce monde et atteindre jusqu'à la notion de l'infini, jusqu'à l'idée de Dieu. Il distingue, enfin, entre le bien et le mal, parvient ainsi jusqu'aux notions morales les plus complètes; il a, enfin, conscience de son individualité.

Or, je vous le demande, messieurs, est-il possible de supposer que l'instinct puisse jamais devenir l'intelligence? Évidemment non. La preuve c'est que ces deux facultés coexistent chez l'homme, lequel est à la fois instinctif et intelligent, et qui a bien souvent occasion de reconnaître la présence de ces deux forces par la lutte qu'elles se livrent en lui. Mais si cette transformation est impossible, il est impossible aussi que l'homme vienne du singe; la séparation existe donc absolue entre eux aussi bien sous le rapport psychologique que sous le rapport physiologique.

Il y a encore entre l'homme et le singe une différence profonde, infranchissable : c'est la *parole*. L'homme seul parle, parce que seul il réfléchit. Pouvant assembler ses pensées, il peut aussi assembler les sons, et il y a entre ces deux facultés une corrélation tellement étroite, que nous ne pourrions comprendre l'existence de l'une sans l'existence de l'autre.

Or, si le singe ne parle pas, ce n'est pas faute d'avoir les organes nécessaires, car chez lui le larynx est tout aussi bien conformé que celui de l'homme; mais n'ayant rien à apprendre de ses ancêtres, rien à enseigner à ses descendants ni à ses contemporains, il crie, mais il ne parle pas.

Le sauvage le moins favorisé, l'Australien et le Patagon, au contraire, parlent parce qu'ils pensent, parce qu'ils sont aptes à concevoir des idées différentes de celles de leurs semblables, parce que leur intelligence est capable de concevoir des notions qui sortent du visible et du tangible.

Vous ne serez pas surpris maintenant si j'ajoute que des physiologistes et des philosophes, convaincus de la distance qui sépare l'homme de toutes les autres espèces animales, au point de vue psycologique, ont proposé d'en faire non-seulement une espèce ou un genre, mais encore un *règne* distinct des trois autres, laissant au règne minéral, l'inertie; au règne végétal, l'organisation et le mouvement intérieur; au règne animal, la sensibilité et le mouvement relatif; au règne humain, l'intelligence et la parole.

Quoi qu'il en soit de cette idée, un fait reste toujours incontestable, c'est la différence profonde qui sépare l'homme de tous les autres membres du règne animal, même de ceux qui, au premier abord, sembleraient se rapprocher le plus de lui : différences qui portent, ainsi que vous l'avez vu, aussi bien sur l'organisation physique que sur les dispositions intellectuelles et morales.

Comment admettre cette transformation graduelle que l'on invoque aujourd'hui pour nous rendre compte de l'apparition de l'homme? Et, du reste, ne serait-il pas utile de spécifier au moins les conditions sous lesquelles elle a pu se produire?

Or, il ne peut s'agir ici de l'influence des milieux et de l'habitat; car si l'on ramène des singes de leur pays dans le nôtre, ils meurent, mais ils ne se transforment pas; ce ne peut être l'éducation, car le contact de peuples civilisés ne peut les conduire qu'à une imitation grossière de quelques-uns des actes de la vie. Au surplus, messieurs, cette éducation, c'est l'homme qui la donne, ce n'est pas le vieux singe qui l'inculque à son rejeton; et s'il est vrai que le singe soit antérieur à l'homme, celui-ci ne peut avoir influé sur cet ancêtre alors qu'il n'existait pas. L'éducation ne peut donc être invoquée.

Laissez-moi vous rappeler enfin que cette éducation n'a jamais pu aller assez loin pour doter les chimpanzés ou les gorilles de la parole. Ainsi que le fait observer M. Desdouits : « ... il ne paraît pas que les singes, au temps de Salomon et d'Aristote, parlassent plus ou moins que les chimpanzés du diz-neuvième siècle (1). »

Il nous faut donc abandonner la théorie de la variabilité progressive et continue pour ce qui regarde le genre humain, et nous nous trouvons ainsi forcés de reconnaître qu'ici encore Moïse a eu raison; et que

(1) *L. c.*, p. 173.

l'homme est trop distinct de toutes les autres espèces pour avoir été un instant confondu avec elles.

Que si nous voulons même trouver un type auquel nous puissions comparer la puissance intellectuelle et morale dont il est doué, il nous faut sortir de ce monde, nous élever jusqu'à la conception d'une intelligence, d'une liberté, d'une perfection sans limite, et nous comprenons alors comment Moïse a pu dire que Dieu créa l'homme à son image et à sa ressemblance.

Ainsi donc, messieurs, soit que nous voulions nous rendre compte de l'origine des espèces végétales et animales, soit que nous voulions pénétrer le secret de l'apparition de l'homme, il nous faut remonter jusqu'à un acte créateur; il nous faut abandonner la théorie de la variabilité, qu'on nous propose cependant au nom du progrès (1), et que je repousse au même titre. Car le progrès ne consiste pas à tourner en rond, mais à marcher en avant; il ne consiste pas à mettre sans cesse en question des problèmes cent fois résolus, mais à profiter des vérités acquises pour marcher à la conquête de vérités nouvelles; il n'a pas surtout pour résultat de substituer l'hypothèse au mystère, car l'hypothèse montre la faiblesse de l'homme, et le mystère la grandeur de Dieu.

(1) « La doctrine de M. Darwin, a dit le traducteur de son livre, mademoiselle Clémence-Augustine Boyer, c'est la révélation rationnelle du progrès, se posant dans son antagonisme logique avec la révélation irrationnelle de la chute. Ce sont deux principes, deux *religions* en lutte, une thèse et une antithèse dont je défie tout Allemand de trouver la synthèse. C'est un oui ou un non bien catégoriques entre lesquels il faut choisir, et quiconque se déclare pour l'un est contre l'autre. Pour moi mon choix est fait.

« Je crois au progrès. »

Les savants aussi croient au progrès; mais au progrès par l'observation, par l'expérience, par la raison et non par l'hypothèse

En un mot, le progrès c'est la connaissance de la vérité. A ce titre, le dogme de la création sera éternellement le progrès, parce qu'il est éternellement la vérité ; aussi le temps lui appartient. En suivant son histoire, nous le voyons traverser l'antiquité appuyée sur la révélation, dominer au moyen âge, où la foi l'accepte et où la raison le justifie, et trouver enfin, dans les temps modernes, un nouvel et puissant auxiliaire, la science : la science si précise dans sa méthode, si riche dans ses enseignements, et dont toutes les découvertes concourent à prouver que les espèces ne peuvent pas avoir d'autre origine que la création, et que leur caractère essentiel est la permanence.

L'enseignement de Moïse triomphe ainsi dans le présent comme il le fit dans le passé ; appuyé maintenant sur cette triple base, la foi, la raison et la science, il marchera, soyez-en sûrs, à la conquête de l'avenir.

A LA MÊME LIBRAIRIE

PARIS. IMP. SIMON RAÇON ET COMP., RUE D'ERFURTH, 1.

www.ingramcontent.com/pod-product-compliance
Ingram Content Group UK Ltd.
Pitfield, Milton Keynes, MK11 3LW, UK
UKHW021628260726
13994UKWH00003B/1119

9 782329 306773